Gerhards · Rolfs · Reith

Quickcheck Absturzsicherung

ecomed SICHERHEIT

VORBEREITUNG
PETZL.COM
Gebrauchsanleitung, Katalog, ...
PSA-Prüfzertifikate
Produktgeschichte
Markierung gemäss den Ländern
Lebensdauer
PROTOKOLL FÜR DIE ÜBERPRÜFUNG VON PSA
© PETZL 2014
OLD
NEW
Vergleich
Anwender
Entscheid
STOP !
Funktionsprüfung am Boden
Visuelle und taktile Überprüfung
INSPEKTION

Absturzgefahren	8 Sicherungskette
Lagebeurteilung	9.1 Vorstieg vertikal
Aufgaben der Mannschaft	9.2 Vorstieg horizontal
Material	10 Top-Rope Sicherung
Sicherungstechniken & -varianten	11 Sichern im Korb einer DLK
Anschlag- und Festpunkte	12 Notfallmanagement
Sicherheit (Personen/Material) (Objekt/A.B.S.-System)	13 Gefährdungsermittlung

1 Absturzgefahren

1. Grundsätzlich besteht Absturzgefahr

- Bei Tätigkeiten ≤ 2 m von der Absturzkante entfernt.
- Ab einer Fallhöhe von ≥ 1 m.

Quelle: FW Erkelenz

2. Durchbruchgefahr bei Einsätzen auf Dächern und Decken

- Auf nicht begehbaren Flächen (z. B. Faserzement-Wellplatten).
- Bei Lichtkuppeln auf Flachdächern.
- Dachfenstern in geneigten Dachflächen.
- Deckenöffnungen und -kanten.
- Bauteile, die durch Brand, Sturm, Witterungseinflüsse oder Alterung in ihrer Tragfähigkeit eingeschränkt sind.
- Bauteilüberlastung durch Trümmer, Löschwasser, Schnee etc.

Quelle: FW Erkelenz

3. Auf Funktion und Belastbarkeit prüfen

- Dachleitern
- Podeste
- Gitterroste
- Dachhaken

4. Mit Absturzgefahren verbundene Einsätze

- In Bereichen von Böschungen und Abhängen.
- Baugruben und Gräben.
- Silos und Behältern.
- Schächten mit fehlenden Abdeckungen.

5. Zusätzliche Elektrische Gefahren durch

- Dachständer
- Antennen- und Sendeanlagen
- Oberspannungsleitungen
- Photovoltaikanlagen

6. Sichteinschränkung durch

- Rauch
- Dunkelheit
- Verdeckten Untergrund durch Schnee, Laub etc.

7. Witterungseinflüsse

- Erhöhte Rutschgefahr durch Nässe, Tau, Reif, Eis, Schnee, Laub, Moos etc.
- Bei Gewitter müssen Einsätze in exponierten Lagen ggf. abgebrochen werden.

Quelle: Rolfs

2 Lagebeurteilung

Der bekannte Führungskreislauf kann durch Überlegungen aus dem Bereich der Risiko- bzw. Gefährdungsermittlung ergänzt werden:

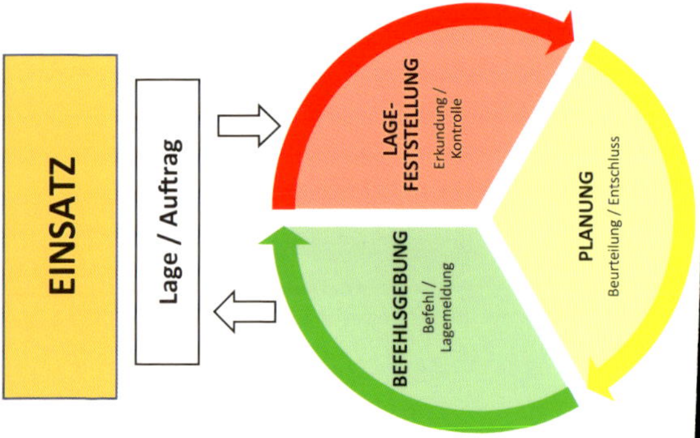

Quelle: Stelzer/Prause, abgewandelt: Rolfs

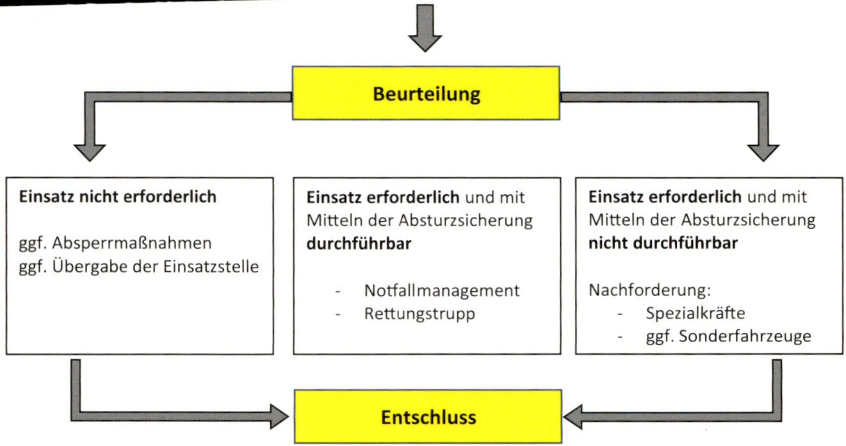
Beurteilung
Einsatz nicht erforderlich
ggf. Absperrmaßnahmen
ggf. Übergabe der Einsatzstelle
Einsatz erforderlich und mit Mitteln der Absturzsicherung durchführbar
- Notfallmanagement
- Rettungstrupp
Einsatz erforderlich und mit Mitteln der Absturzsicherung nicht durchführbar
Nachforderung:
- Spezialkräfte
- ggf. Sonderfahrzeuge
Entschluss

3 Aufgaben der Mannschaft

1. Der Staffel- oder Gruppenführer

- Definiert den absturzgefährdeten Bereich.
- Legt den Absperrbereich fest.
- Gibt die Sicherungsvariante vor.
- Teilt die Mannschaft hinsichtlich Qualifikation und Ausbildungsstand in Bezug auf die besonderen Aufgaben im Absturzsicherungseinsatz ein.
- Trifft die Auswahl eines geeigneten Anschlag- und Festpunktes.
- Bildet frühzeitig Personal- und Materialreserven.

2. Sichernde Einsatzkraft

- Überprüft den Anschlagpunkt auf Eignung.
- Aufbau der gesamten Sicherungskette.
- Sichern der vorsteigenden Einsatzkraft durch Einbinden in die Sicherungskette.
- Legt den Halbmastwurfknoten in den HMS-/Redundanzkarabiner ein.
- Überprüfung der gesamten Sicherungskette.
- Kontrolle der Sicherheit mit vorsteigender Einsatzkraft, alle Karabiner und Gurtschnallen geschlossen (Partnercheck/Vier-Augen-Prinzip).
- Freigabe zum Aus-, Auf- oder Abstieg.

3. Seilmanager

- Unterstützt bei der Seilentnahme aus dem Transportrucksack.
- Achtet auf sauberen Seilverlauf.
- Bildet die Redundanz zur sichernden Einsatzkraft.
- Sichernde Einsatzkraft und Seilmanager bilden das Sicherungsteam.

Quelle: FW Erkelenz

4. Vorsteigende Einsatzkraft

- Kontrolle der Sicherheit im Vier-Augen-Prinzip mit sichernder Einsatzkraft.
- Absprache der Bewegungsrichtung im Vorstieg mit sichernder Einsatzkraft.
- Kontrolle der Seilspannung, Schlappseil vermeiden.
- Auf geraden Seilverlauf achten.
- Setzen von Zwischensicherungen.
- Ständiger Sicht- und Sprechkontakt zur sichernden Einsatzkraft.
- Seilschonendes Arbeiten, verhindern von Seilreibung und Scharfkantenbelastung.

Aufgaben

4 Material

1. Der Gerätesatz Absturzsicherung nach DIN 14800-17 enthält persönliche Schutzausrüstung gegen Absturz und ist somit ausgelegt, dass Arbeiten im absturzgefährdeten Bereich durchgeführt werden können

- 1x Auffanggurt nach DIN EN 361, DIN EN 813 und DIN EN 358.
- 1x Kernmantel-Dynamikseil nach DIN EN 892 mit einer Seillänge von 60 m und mindestens 10,5 mm Durchmesser.
- 15x Anschlageinrichtung (Bandschlingen).
- 2x Anschlagmittel (Bandschlinge ≥ 1,5 m).
- 17x Selbstschließendes Verbindungselement mit Verschlusssicherung.
- 1x Selbstschließendes Verbindungselement (HMS Karabiner).
- 2x Schutzhandschuhe (Paar).
- 1x Verbindungsmittel zur Arbeitsplatzpositionierung (z. B. Grillon 2 m).
- 1x Behälter für Gerätesatz Absturzsicherung.

2. Optional können folgende Bestandteile hinzugefügt werden

- 1x Rettungsschlaufe (Rettungsdreieck)
- 1x Nahbereichssicherung (z. B. zweisträngiges Verbindungsmittel mit Brandfalldämpfer Y-Form)

Quelle: WF EP

1. Halten

Das Halten ist die Sicherung von gefährdeten Personen und Einsatzkräften mit dem Ziel, einen Absturz auszuschließen. Die gesicherte Person wird beim Abrutschen von der Standfläche direkt durch Gurt und Leine so gehalten, dass sie nicht weiterrutschen oder abstürzen kann.

Beim Halten sind folgende Punkte zu beachten:
- Leine, Sicherungsseil oder Verbindungsmittel immer straff auf Zug halten
- Anschlagpunkt befindet sich immer oberhalb der zu sichernden Person
- Immer Festpunktsicherung durchführen, keine Körpersicherung
- Erreichen der Absturzkante muss ausgeschlossen sein
- Direkte Absturz- oder Durchbruchgefahr mit Option des freien Falls darf nicht bestehen

Bei Sicherungsarbeiten auf geneigten Flächen (Dächern oder Böschungen:
- Haltende Einsatzkraft immer oberhalb der zu sichernden Person
- Senkrechter Seilverlauf unterhalb der haltenden Einsatzkraft
- Pendelsturz vermeiden
- Kein Quergang auf der geneigten Fläche

Quelle: FW Erkelenz

2. Rückhalten

- Eine weitere Form des Haltens ist das Rückhalten von Einsatzkräften.
- Die gesicherte Einsatzkraft wird in ihrer Bewegungsfreigeit so eingeschränkt, dass ein Erreichen der Absturzkante ausgeschlossen ist.

3. Auffangen

- Auffangen ist die Sicherung von Einsatzkräften, die Tätigkeiten in absturzgefährdeten Bereichen ausführen müssen, bei denen ein freier Fall nicht auszuschließen ist.
- Im Gegensatz zum Halten kann sich der Anschlagpunkt beim Auffangen auf gleicher Höhe oder unterhalb der Einsatzkraft befinden. Das Kernmantel-Dynamikseil kann nicht immer straff geführt werden.
- Die Sicherungstechnik Auffangen kann nur mit dem Gerätesatz Absturzsicherung durchgeführt werden.

6 Anschlag- und Festpunkte

1. Befestigungspunkte

- Befestigungspunkte sind Bauteile an Objekten und Anlagen, die zum Anschlagen von Seilen oder Anschlagmitteln dienen und die erforderliche Standfestigkeit aufweisen.
- Die Auswahl der Befestigungspunkte zum Anschlagen der Absturzsicherung obliegt dem Eineitsführer. Dieser muss die auftretenden Kräfte einschätzen können.
- Jeder Befestigungspunkt muss im Vorfeld auf ausreichende Stabilität beurteilt werden.

2. Folgende Punkte müssen berücksichtigt werden

- Anschlagpunkte müssen statisch geeignet sein.
- Traglast muss mindestens 12 kN betragen.
- Anschlagpunkte müssen örtlich geeignet sein.
- Scheint die Stabilität nicht ausreichend zu sein, so kann die Last auf mehrere Befestigungspunkte aufgeteilt bzw. durch mehrere Anschlagpunkte zusammengefasst werden.

3. Als bauliche Befestigungspunkte eignen sich besonders

- Verschweißte Treppengeländer.
- Dachkonstruktionen.
- Stahlträger baulicher Anlagen.
- Bauseits vormontierte Anschlagpunkte nach DIN EN 795.

4. Weitere geeignete Befestigungspunkte

- Fahrzeugschäkel der Feuerwehrfahrzeuge.
- Standsockel von Baukränen.
- Ausreichend dimensionierte, gesunde Bäume.

5. Bei Nutzung von Fahrzeugschäkeln ist folgendes zu beachten

- Fahrzeug in Zugrichtung gegen wegrollen sichern.
- Feststellbremse anziehen.
- Gang einlegen bzw. Parkmodus bei Automatikgetriebe.
- Fahrzeugbewegung ausschließen.
- Ggf. Zündschlüssel abziehen.

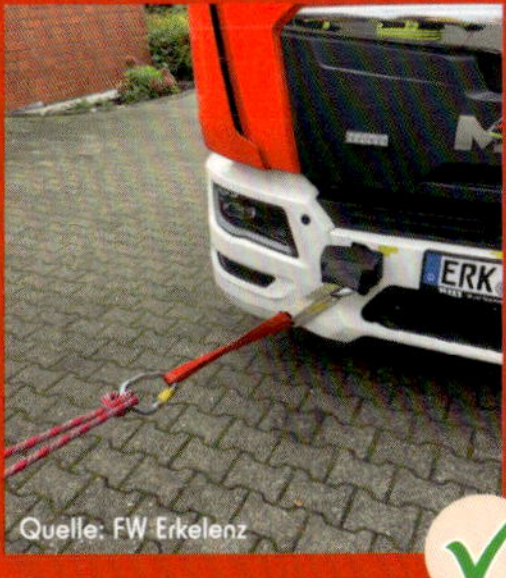

1. Personenbezogene Sicherungsgrundsätze

- Klare Aufgabenzuweisung durch den Einheitsführer.
- Festlegung des absturzgefährdeten Bereichs mit ausreichend Sicherheitsabstand zur Absturzkante.
- Nur gesicherte Einsatzkräfte im absturzgefährdeten Bereich.
- Sicherung erfolgt durch die drei Varianten Rückhalten, Halten oder Auffangen.
- Kommunikation sicherstellen.
- Eindeutige Kommandos verwenden:
  „STOPP" = Alle Maßnahmen werden sofort unterbrochen, die Seilbremse wird blockiert und mittels Schleifknoten festgelegt.
  „STAND" = Die vorsteigende Einsatzkraft hat einen sicheren Standplatz erreicht.
- Kein unkontrollierter Aus, Auf bzw. Abstieg.
- Gegenseitige Kontrolle (Partnercheck) mit anschließender Freigabe.
- Alle Maßnahmen der vorsteigenden Einsatzkraft sind mit der sichernden Einsatzkraft abzustimmen.
- Sichernde Einsatzkraft befindet sich außerhalb der Sicherungskette, Selbstsicherung einlegen.
- Zum Sichern immer geeignete Handschuhe tragen.
- Sicherungsseil auf Fühlung halten, Schlappseil vermeiden (Sturzstreckenverlängerung).

2. Materialbezogene Sicherungsgrundsätze

- Ausschließliche Verwendung geprüften und genormten Materials.
- Beschädigtes oder sturzbelastetes Material der weiteren Verwendung entziehen und einem Sachkundigen zur Überprüfung übergeben.
- Nach jedem Gebrauch Materialkontrolle durchführen.
- Ausschließlich Verbindungselemente (Karabiner) mit Verschlusssicherung verwenden.
- Nur vernähte Bandschlingen verwenden.
- Seildurchlauf mit geringer Geschwindigkeit um thermische Schäden zu vermeiden.
- Niemals zwei Seile übereinander oder ein Seil über textile Anschlagmittel laufen lassen, da die Gefahr der thermischen Durchtrennung besteht.
- Ausreichend dimensionierte Anschlagpunkte auswählen
- Kantenschutz für Seile sicherstellen.
- Freie Seilenden mittels Seilendknoten gegen Durchlauf sichern.
- Bei Sicherungstätigkeiten im Rahmen der Brandbekämpfung an Steilhängen oder Dachkonstruktionen müssen ggf. Seile aus Aramid eingesetzt werden.

Quelle: FW Mönchengladbach, Rolfs

Sicherheit

3. Objektbezogene Sicherungsgrundsätze

- Einsatzstelle weiträumig absperren.
- Absperrbereich unterhalb des absturzgefährdeten Bereichs festlegen und kennzeichnen.
- Ausrüstungsgegenstände und lose Bauteile gegen Absturz sichern.
- Objektbezogene Gefahrenschwerpunkte und zusätzliche Gefahren ebenfalls berücksichtigen.
- Wetterbedingungen beachten.
- Seilschutz an scharfen Kanten sicherstellen.
- Für Übungsobjekte im Vorfeld Gefährdungsbeurteilung erstellen.

4. A.B.S.-System nach Berghold

A – Anker-/Anschlagpunkte:
- Ausreichende Festigkeit?
- Karabinerverschlüsse geschlossen?
- Knoten korrekt?
- Redundanz?

B – Bremse:
- Seil richtig eingelegt?
- Funktionsprobe durchgeführt?
- HMS-Karabiner geschlossen?

S – Stopp (bevor es losgeht):
- Sicherung fertig?
- Seilendknoten eingelegt?
- Partnercheck durchgeführt?
- Für alle durchzuführenden Maßnahmen im Bereich der Absturzsicherung gilt: Sicherheit vor Schnelligkeit!

1. Sicherung

- Die Sicherungskette umschreibt alle Elemente eines Sicherungssystems.
- Die Aufgabe der Sicherungskette besteht darin, den fallenden Körper sicher aufzufangen und dabei die auftretende Sturzenergie (Fangstoß) auf ein erträgliches Maß (ca. 4 kN) zu reduzieren.

2. Folgende Elemente bilden die Sicherungskette

- Anschlagpunkt
- Befestigungselement
- Seilbremse + Haltekraft der sichernden Einsatzkraft = dynamische Sicherung
- Sicherungsseil
- Zwischensicherungen (bei Bedarf)
- Doppelter Achterknoten
- Auffanggurt
- Mensch

Quelle: FW Erkelenz

Quelle: FW Erkelenz

9.1 Vertikaler (senkrechter) Vorstieg

1. Sicherheit

- Der Sturzraum unterhalb der Aufstiegsstelle muss möglichst frei von Hindernissen sein. Die sichernden Einsatzkräfte müssen sich außerhalb der Falllinie der aufsteigenden Einsatzkraft befinden. Der Gefahrenbereich wird durch den Einheitsführer festgelegt, er ist zu markieren und abzusichern.

2. Zwischensicherungen zur Verringerung des Sturzfaktors

- Beim vertikalen Vorstieg sind durch die vorsteigende Einsatzkraft entsprechende Zwischensicherungen zu setzen. Um eine möglichst geringe Sturzhöhe zu erreichen, sind die Zwischensicherungen gerade zu Beginn des Vorstiegs in geringeren Abständen zu setzen.
- Als Anhaltspunkt für die Abstände der Zwischensicherungen im senkrechten Vorstieg können folgende Werte genutzt werden: 2 m – 3 m – 4 m – 5 m – 7 m – 9 m – 11 m – 13 m – 16 m – 20 m – 25 m – ...

3. Situationsabhängige Anpassung der Abstände

- Je nach Situation am Objekt kann ein Unterschreiten der Abstände nötig sein, z. B. beim Umklettern von Hindernissen oder schwierigen Passagen an Gittermasten oder auf Dächern. Hier muss die vorsteigende Einsatzkraft situativ entscheiden. Achtung: Die Maximale Vorstiegshöhe verringert sich durch das Verkürzen der Abstände der Zwischensicherungen!

4. Maximale Vorstiegshöhe in Abhängigkeit zur Seillänge beachten

- Die maximale Aufstiegshöhe ist durch die Seillänge begrenzt. Ein sicheres Ablassen der vorsteigenden Einsatzkraft muss gewährleistet sein. Mit dem genormten Gerätesatz Absturzsicherung ist eine maximale Aufstiegshöhe von 30 m gegeben. Einige Hersteller bringen auf den Seilen eine Seilmittenmarkierung auf. Diese dient als optischer Hinweis für die sichernde Einsatzkraft.

5. Auf geradlinigen Seilverlauf achten

- Zwischensicherungen möglichst im geradlinigen Verlauf setzen, jede Umlenkung führt zu Reibung und diese hat wiederum Einfluss auf den Fangstoß im Falle eines Sturzes. Durch geraden Seilverlauf durch die Karabiner durchläuft auch der Halbmastwurf eine gewisse Strecke und wandelt Sturzenergie in Wärme um und wirkt somit dynamisch.
- Verläuft das Sicherungsseil im Zick-Zack, entsteht bei jedem Richtungswechsel des Sicherungsseils Reibung. Zum einen entsteht bereits beim Vorstieg ein enormer Widerstand beim Nachziehen des Seils, zum anderen wirken sich die hohen Reibungskräfte im Falle eines Sturzes negativ auf den Fangstoß aus. Durch die geringe Zugkraft auf den Halbmastwurf blockiert dieser. Die Sicherung wirkt somit fast statisch!

9.2 Horizontaler (waagerechter) Vorstieg

1. Pendelsturz ausschließen

- Für den waagerechten Vorstieg gelten Grundsätzlich die gleichen Vorgaben wie für den senkrechten Vorstieg. Im Falle eines Sturzes soll ein Anprallen an das Objekt durch Pendelsturz möglichst vermieden werden. Dementsprechend sind Abstände der Zwischensicherungen zu wählen.
- Als Richtwert können folgende abstände angenommen werden: 2 m – 3 m – 4 m – 6 m – 8 m – 11 m – 14 m – 17 m – 20 m - ...

2. Freien Sturzraum beachten

- Einfluss auf die Abstände hat auch der zur Verfügung stehende Sturzraum unterhalb der vorsteigenden Einsatzkraft. Bei geringerer Höhe müssen die Abstände der Zwischensicherungen kürzer gewählt werden, um einen Aufschlag auf den Boden zu vermeiden.
- Als Faustwert für den erforderlichen Sturzraum ist mindestens der doppelte Abstand der Zwischensicherung anzusetzen.

Quelle: FW Mönchengladbach, Rolfs

1. Top-Rope Sicherung mit Hubrettungsfahrzeugen

- Sollte eine direkte Sicherung auf Grund Mangel an Festpunkten auf Dächern etc. nicht möglich sein, können Hubrettungsfahrzeuge als mögliche Hilfsmittel eingesetzt werden.
- Bei dieser Sicherungsvariante wird die Seilbremse an einem geeigneten Festpunkt am Hubrettungsfahrzeug, z. B. Fahrzeugschäkel oder Aufleger des Hubrettungssatzes angeschlagen und das Sicherungsseil über einen geeigneten Anschlagpunkt, z. B. Lastöse an der Leiterspitze umgelenkt.
- Die zu sichernde Person wird in das Seil eingebunden oder eingehakt.
- Bei der Ausführung ist es wichtig, dass der Kopf des Leitersatzes immer senkrecht über dem Kopf der gesicherten Einsatzkraft gehalten wird. Somit wird gewährleistet, dass im Falle eines Sturzes keine unkontrollierbare Pendelbewegung bzw. ein unkontrollierter Pendelsturz entsteht.
- Das Sicherungsseil muss durch den Sicherungsmann stets auf Spannung gehalten werden.
- Ein Schlaffseil ist unbedingt zu vermeiden.
- -Die Freistands- bzw. Belastungsgrenzen des Hubrettungsfahrzeuges sind zwingend zu beachten!

Quelle: WF EP

Quelle: WF EP

Quelle: WF EP

Quelle: WF EP

11 Sichern im Korb einer Drehleiter

1. Grundsätze

- Grundsätzlich gilt, wenn Personen im Korb einer Drehleiter stehen, dass diese gesichert werden müssen.
- Dies kann durch einen Feuerwehrhaltegurt erfolgen.
- Jedoch gibt es einige Situationen, in denen es erforderlich ist, Persönliche Schutzausrüstung gegen Absturz (PSAgA) zu nutzen.

2. Beispiele

Absturzgefahr aus dem Korb eines Hubrettungsfahrzeuges besteht, wenn...

- Das Geländer des Korbes teilweise oder ganz geöffnet ist und deshalb seine Funktion als Umwehrung gegen eine bestehende Absturzgefahr nicht erfüllen kann.
- Das Hubrettungsfahrzeug von anderen Fahrzeugen angefahren werden kann
- Auf Grund der Struktur bzw. der Umgebung in der sich der Rettungskorb bewegt (zum Beispiel in einer Baumkrone), es möglich ist, dass dieser hängen bleibt und es beim Losreißen zu einem starken Nachfedern kommen könnte.
- Beim Verlassen des Korbes, zum Beispiel beim Übersteigen auf andere Bauteile (zum Beispiel ein Dach) und dabei eine Absturzgefahr gegeben ist.

3. Anschlagpunkt

- Die Persönliche Schutzausrüstung gegen Absturz (PSAgA) kann im Korb an dafür vorgesehenen Anschlagpunkten angeschlagen werden. Die Anschlagpunkte sind vom Hersteller des Hubrettungsfahrzeuges vorgegeben.

1. Begriff

- Der Begriff Notfallmanagement beschreibt in der Absturzsicherung die Möglichkeit, auf Notfallsituationen während des Einsatzes adäquat zu reagieren.

2. Der Einheitsführer muss sich in seiner Planung die Fragen stellen „Was wäre, wenn …“

- Der Feuerwehrangehörige in das Sicherheitssystem stürzt?
- Der Retter durch einen Sturz verletzt wird?
- Der Retter seine Aufgabe nicht durchführen kann?
- Sich die Einsatzsituation maßgeblich verändert?

3. Für diese Fragen sollte der Einheitsführer geeignete Maßnahmen vorbereiten. Antworten und Möglichkeiten auf diese Fragen könnten sein:

- Ablassen des Feuerwehrangehörigen.
- Ausrüsten eines Rettungstrupps mit einem zweiten Satz Absturzsicherung.
- Anfordern von medizinischem Personal und Material für Einsatzkräfte.
- Anfordern von Sondereinheiten.
- Anfordern von Sonderfahrzeugen.

Quelle: WF EP

Quelle: FW Waldfeucht

Quelle: FW Waldfeucht

13 Gefährdungsermittlung

Objekt: ____ Straße: ____ Ort: ____
Datum: ____ Dauer: von ____ Uhr bis ____ Uhr
Verantwortliche/r Ausbilder*in: ____

Durchzuführende Tätigkeiten

- Selbstretten
- Halten / Rückhalten
- gesicherter vertikaler Vorstieg
- gesicherter horizontaler Vorstieg
- einfache Rettung aus Höhen und Tiefen (ERHT)
- Einsatz der Schleifkorbtrage
- sonstiges: ____

Objektbezogene Gefahren

Allgemeine Gefahren

- scharfe Kanten
- heiße Teile
- sich bewegende Teile
- Absturzgefahr
- kalte Teile
- schwierige Zugänge
- Stolper- und Rutschgefahr
- Teile mit gefährlichen Oberflächen

Bemerkungen: ____

Elektrische / Strahlende Gefahren

- Stromkabel
- atomare Strahlung
- Antennen o.ä.
- HF-Strahlung
- Ultraschall
- elektromagnetische Felder

Bemerkungen: ____

Gefahrstoffe

- Atemgifte
- Schmierstoffe
- biologische Gefahrstoffe
- Dämpfe/Gase
- Feststoffe
- Ex-/O_2-Messung nötig
- Flüssigkeiten

Bemerkungen: ____

Umgebung

- Witterung geeignet
- Zufahrt gegeben
- Verkehrssicherung notwendig
- Arbeitsbereich frei

Bemerkungen: ____

Sonstige Gefahren

Bemerkungen: ______

Notfall- und Rettungsmaßnahmen

- ■ genauer Übungsort / Zufahrt bekannt
- ■ Funk- / Rufverbindung
- ■ DLK-Erreichbarkeit gegeben
- ■ Notruf möglich
- ■ Rettungsmaterial notwendig
- ■ Rettungssystem aufgebaut / einsatzbereit

Sonstiges: ______

Objektsicherheit für die Ausbildung / Übung gegeben: ■ ja ■ nein

Bemerkungen: ______

Besonderheiten:

______

Teilnehmer

Name	Höhenretter*in	Ausbilder*in AbStuSi	Auszubildende*r AbStuSi
	■	■	■
	■	■	■
	■	■	■
	■	■	■
	■	■	■
	■	■	■
	■	■	■
	■	■	■
	■	■	■
	■	■	■
	■	■	■

Auf Grundlage der von mir durchgeführten Gefährdungsermittlung kann die geplante Ausbildungseinheit durchgeführt werden

______ ______

Ort, Datum Verantwortliche/r Ausbilder*in

Quellenverzeichnis

Lagebeurteilung Schema – Quelle: Stelzer/Prause Absturzsicherung und Höhenrettung, angepasst: Rolfs

A.B.S.-System – Quelle: Christian Berghold, Gegen Blackouts beim Abseilen

Sichern im Korb einer Drehleiter – Quelle: DGUV FBFHB-029; Fachempfehlung AGBF/DFV-FE-73-2022

Notfallmanagement – Quelle: Ausbildungsunterlagen Absturzsicherung LFS BW

Gefährdungsermittlung – Quelle: Empfehlung AGBF SRHT mit freundlicher Unterstützung durch Carsten Stock

Bildverzeichnis

Titelbild: S-GARD

Bilder: Michael Reith Werkfeuerwehr Euopapark, Ingo Rolfs Feuerwehr Erkelenz

Mit freundlicher Unterstützung

Eric Lambertz (Feuerwehr Bonn)
Carsten Stock (Feuerwehr Essen)
Regina Fensch (Feuerwehr Hannover)
Christian Renoth (Feuerwehr Berchtesgaden)

Impressum

ISBN 978-3-609-68723-0

E-Mail: kundenservice@ecomed-storck.de
Telefon: +49 89/2183-7922

Satz: abavo GmbH, 86807 Buchloe
Druck: Druckerei Siepmann GmbH, 22761 Hamburg

ISBN 978-3-609-68723-0

9 783609 687230

Ihr direkter Weg zum Verlag:
www.ecomed-storck.de